QING SHAO NIAN KE XUE TAN SUO

青少年科学探索

神奇探索之路

何水明 编著　丛书主编 郭艳红

动物：破解动物的密码

汕頭大學出版社

图书在版编目（CIP）数据

动物：破解动物的密码 / 何水明编著. -- 汕头：
汕头大学出版社，2015.3（2020.1重印）
　　（青少年科学探索营 / 郭艳红主编）
ISBN 978-7-5658-1666-6

Ⅰ．①动… Ⅱ．①何… Ⅲ．①动物－青少年读物
Ⅳ．①Q95-49

中国版本图书馆CIP数据核字(2015)第026254号

动物：破解动物的密码　　　　DONGWU：POJIE DONGWU DE MIMA

编　　著：何水明
丛书主编：郭艳红
责任编辑：邹　峰
封面设计：大华文苑
责任技编：黄东生
出版发行：汕头大学出版社
　　　　　广东省汕头市大学路243号汕头大学校园内　邮政编码：515063
电　　话：0754-82904613
印　　刷：三河市燕春印务有限公司
开　　本：700mm×1000mm　1/16
印　　张：7
字　　数：50千字
版　　次：2015年3月第1版
印　　次：2020年1月第2次印刷
定　　价：29.80元
ISBN 978-7-5658-1666-6

前言

　　科学探索是认识世界的天梯，具有巨大的前进力量。随着科学的萌芽，迎来了人类文明的曙光。随着科学技术的发展，推动了人类社会的进步。随着知识的积累，人类利用自然、改造自然的的能力越来越强，科学越来越广泛而深入地渗透到人们的工作、生产、生活和思维等方面，科学技术成为人类文明程度的主要标志，科学的光芒照耀着我们前进的方向。

　　因此，我们只有通过科学探索，在未知的及已知的领域重新发现，才能创造崭新的天地，才能不断推进人类文明向前发展，才能从必然王国走向自由王国。

　　但是，我们生存世界的奥秘，几乎是无穷无尽，从太空到地球，从宇宙到海洋，真是无奇不有，怪事迭起，奥妙无穷，神秘莫测，许许多多的难解之谜简直不可思议，使我们对自己的生命现象和生存环境捉摸不透。破解这些谜团，有助于我们人类社会向更高层次不断迈进。

　　其实，宇宙世界的丰富多彩与无限魅力就在于那许许多多的难解之谜，使我们不得不密切关注和发出疑问。我们总是不断地去认识它、探索它。虽然今天科学技术的发展日新月异，达到了很高程度，但对于那些奥秘还是难以圆满解答。尽管经过古今中外许许多多科学先驱不断奋斗，一个个奥秘被不断解开，推进了科学技术大发展，但随之又发现了许多新的奥秘，又不得不向新问题发起挑战。

宇宙世界是无限的，科学探索也是无限的，我们只有不断拓展更加广阔的生存空间，破解更多的奥秘现象，才能使之造福于我们人类，我们人类社会才能不断获得发展。

为了普及科学知识，激励广大青少年认识和探索宇宙世界的无穷奥妙，根据中外最新研究成果，编辑了这套《青少年科学探索营》，主要包括基础科学、奥秘世界、未解之谜、神奇探索、科学发现等内容，具有很强系统性、科学性、可读性和新奇性。

本套作品知识全面、内容精炼、图文并茂，形象生动，能够培养我们的科学兴趣和爱好，达到普及科学知识的目的，具有很强的可读性、启发性和知识性，是我们广大青少年读者了解科技、增长知识、开阔视野、提高素质、激发探索和启迪智慧的良好科普读物。

目　录

动物的进化过程

目前已知的动物种类大约有150万种，分布于地球上所有海洋、陆地，包括山地、草原、沙漠、森林、农田、水域以及两极在内的各个地方，成为大自然不可分割的一部分。

那么动物是在什么时候出现的呢？一般认为动物最早的祖先

是海绵，它们在地球上已生存了至少5.6亿年，距今约5亿年左右的海绵化石也已被发现。那么动物是如何一步一步进化到现在的呢？

动物界的历史，就是动物起源、分化和进化的漫长历程，是从单细胞到多细胞、从无脊椎到有脊椎、从低等到高等、从简单到复杂的过程。

最早的单细胞原生动物进化为多细胞的无脊椎动物，逐渐出现了海绵动物门（如海绵）、腔肠动物门（如水母、海葵等）、扁形动物门（如涡虫、吸虫、绦虫等）、环节动物门（如蚂蟥、沙蚕、沙蝎等）、软体动物门（如蜗牛、乌贼、章鱼等）、节肢动物门（如虾、蟹、蜘蛛、蜈蚣等）、棘皮动物（如海星、海胆、海参等）。

由没有脊椎的棘皮动物进化出现了有脊椎动物，最早的脊椎动物是圆口纲动物，如七鳃鳗。它们没有上下颌，没有真正的齿，只有表皮形成的角质齿。

　　两栖动物（如青蛙、蟾蜍）是最早登上陆地的脊椎动物。虽然两栖动物已经能够登上陆地，但它们仍然没有完全摆脱水域环境的束缚，还必须在水中产卵繁殖并且度过童年时代。

　　从原始的两栖动物继续进化，出现了爬行类。爬行动物（如海龟、鳄鱼等）可以在陆地上产卵、孵化，完全脱离了水，成为了真正的陆生动物。

　　爬行动物在陆地出现以后，向各个方向进行分化，导致更高级的鸟类和哺乳类应运而生，当哺乳类动物（如猫、狗、兔子、猿猴、老虎等）进一步继续发展时，人类终于出现了。

　　总之，动物的进化历程可以概括为：由简单到复杂，由低等到高等，由水生到陆生。某些两栖类进化成原始的爬行类，某些爬行类又进化成为原始的鸟类和哺乳类。各类动物的结构逐渐变得复杂，生活环境逐渐由水中到陆地，最终完全适应了陆上生活。

延　伸　阅　读

　　穿山甲，它全身被角质覆盖，如同长满了指甲。穿山甲于6千万年前从贫齿目中分离出来，而这一贫齿目下还包含有树懒、食蚁兽和犰狳等。但是穿山甲仍有许多与食蚁兽相近的特征，这就是趋同进化、自然选择的共同结果。

无脊椎动物的出现

　　生物出现在地球上已有几十亿年的历史，考古学家由发现的生物化石推测出它们存在的年代，并告诉我们动物是如何演变和进化的。

　　大约在10亿年前，海洋中出现了没有脊椎骨的无脊椎动物，它们很像今天的水母和海绵。陆地上已有节肢动物的三叶虫及腕足动物。随后发展了古头足类及古棘皮动物的种类。到古生代末期，古老类型的生物大规模绝灭。中生代还存在软体动物的古老类型（如菊石），到末期即逐渐绝灭，软体动物现代属、种大量出现。到新生代演化成现代类型众多的无脊椎动物，而在古生代盛极一时的腕足动物至今只残存少数代表（如海豆芽）。

大约6亿年前，在地质学上称做寒武纪的开始，绝大多数无脊椎动物门在几百万年的很短时间内出现了。这种几乎是"同时"、"突然"地出现在寒武纪地层中门类众多的无脊椎动物化石(节肢动物、软体动物、腕足动物和环节动物等)，而在寒武纪之前更为古老的地层中长期以来却找不到动物化石的现象，被古生物学家称作"寒武纪生命大爆发"。

无脊椎动物的代表生物鹦鹉螺堪称顶级掠食者，它的身长可达11米，主要以三叶虫、海蝎子等为食，在那个海洋无脊椎动物鼎盛的时代，它以庞大的体型、灵敏的嗅觉和凶猛的嘴喙霸占着整个海洋。鹦鹉螺已经在地球上经历了数亿年的演变，但外形、习性等变化很小。鹦鹉螺在古生代几乎遍布全球，但现在只有南太平洋存在六种鹦鹉螺。

世界上最长的无脊椎动物是纽虫。1864年，一次风暴后，在苏格兰沿岸人们捕捉到一条海洋纽虫，测量它的体长竟超过了55米！人们把它称为超级纽虫。不过，超级纽虫虽然在体长方面称得上是世界之最，但在动物界里却处于较低等的位置，在海洋生物中，它也不是名门望族。

水中游得最快的无脊椎动物是乌贼，堪称"水中之剑"。

乌贼之所以游弋速度非常快，是因为它与一般鱼靠鳍游弋不同，它是靠肚皮上的漏斗管喷水的反作用力飞速前进的，其喷射能力就像火箭发射一样，可以使乌贼从深海中跃起，跳出水面高达7米至10米，其身体能像炮弹一样，在空中飞翔50米左右。乌贼在海水中游弋的速度通常可以达至每秒15米以上，最大时速可以达至150千米。

号称鱼类中游弋速度冠军的旗鱼，时速只有110千米，与乌贼相比，它们也只能甘拜下风了。

延 伸 阅 读

无脊椎动物是背侧没有脊柱的动物，是动物界中除原生动物界和脊椎动物亚门以外全部门类的通称。包括棘皮动物、软体动物、腔肠动物、节肢动物、海绵动物、线形动物等，其种类数占动物总种类数的95%。

海洋动物生存之谜

　　人是不能喝海水的，喝了就会有危险。可是生活在海洋中的鱼类和爬行动物等却不会有这种危险，这是为什么呢？原来，它们都有自己独特的"海水淡化装置"。

　　鱼只要一张开嘴，水就灌满了口腔。但是，这些水大部分会通过鳃缝流了出去，不会进入腹中。可是，在它吃东西的时候，部分海水就会随食物进入腹中了。

按照物理学规律，如果把容器用一个半渗透性薄膜隔开，一边盛含食盐量高的水，一边盛含食盐量低的水，含食盐量低的水就会向含食盐量高的水一边渗透，直至两边含盐量相等时为止。

鱼的皮肤表层、口腔黏膜、鳃以至所有细胞的膜都是这种半渗透薄膜。鱼体中的含盐量比海水低，因此鱼体中的水会自动向体外渗出。为了补偿渗出的水并且保持体内一定的含盐量水平，它必须把喝进去的咸水变成淡水，这就需要一种特殊"装置"来达到目的。鱼鳃里的排盐细胞可以把大量的盐分从血液中不间断地提取出来，随同黏液以高浓度状态传至鳃腔里，再流出体外。

海鸟也有这种"海水淡化器"。它们的"淡化器"位于眼窝上部，而排出口位于鼻孔内，叫做盐腺。海鸟不时会从喙上部的鼻孔中排出一个亮晶晶的水滴，摆摆头抖掉。这种水滴就是盐腺排出的含有大量盐分的黏液。

生活在海洋或海边的爬行动物，如龟、蛇、鳄鱼类也有盐腺。鳄鱼在吃东西时会流出大滴晶莹的眼泪，人们常用"鳄鱼的眼泪"来形容假慈悲。其实鳄鱼流出的眼泪，不过是从盐腺中排出的含盐量很高的溶液而已。鳄鱼，作为地球上最为古老的几种动物之一，从数亿年前的恐龙时代到高度发达的现代世界，依然牢牢占据着两栖类动物霸主的地位，千万年如一日，连外形也没有什么太大的改变，堪称动物界的"活化石""老寿星"。

延 伸 阅 读

鳄鱼在水中是一个不折不扣的远视眼，但在陆地却是一个堂堂正正的"千里眼"。这是由于光线在水中和空气中的折射率不同所引起的。鳄鱼在陆地的爬行速度高达每小时12千米，正是由于许多人为疏忽，导致发生鳄鱼食人的悲剧。

最古老的动物乌龟

　　乌龟作为一种水陆两栖的爬行动物，在地球上已经生活了两亿多年了。在7000万年前的白垩纪末期，庞大的恐龙和其他爬行动物，由于抵挡不了沧海桑田的巨大变迁，都先后绝种了，唯有乌龟得以幸免。

　　乌龟不仅是现今世界上最古老的动物，而且是所有的动物中寿命最长的寿星。目前，世界上的乌龟约有220多种。

陆龟生活在陆地上，它与两亿年前的龟没什么两样，阿尔达布拉巨龟是最大的陆龟，重约270千克。

海龟的体型有大有小，巨大的皮龟长1.5米至3米，重约920千克，而普通的泥鳖只有7厘米至12厘米长。

在我国也生活着许多龟，有些还属珍稀动物。如棱皮龟是国家二级保护动物。

乌龟一般生活在河、湖、沼泽、水库和山涧中，有时也上岸活动。在自然环境中，乌龟以蠕虫、螺类、虾及小鱼等为食，也吃植物的茎叶。乌龟繁殖率低且生长较慢,一只500克左右的乌龟经一年饲养仅增重100克左右。但乌龟的耐饥能力较强,即使断食数月也不易被饿死,抗病力亦强,且成活率高。

乌龟是一种变温动物,到了冬天,或者是当气温长期处在一个较低情况下,乌龟就会进入冬眠。各种乌龟因种类不同,开始冬眠的温度也不相同,不过通常都在10℃~16℃。

这个时候,乌龟会长期缩在壳中,几乎不活动,同时它的呼吸次数减少，体温降低，血液循环和新陈代谢的速度减慢，所消耗的营养物质也相对减少。

这种状态和睡眠相似，只不过这是一次长达几个月的深度睡眠，甚至会呈现出一种轻微的麻痹状态。

乌龟走路非常缓慢，它既没有兔子那样灵敏的长耳朵，又没有兔子那样灵巧的腿，那么，它们在遇到危险时怎么办呢？

别急，乌龟自有办法。原来乌龟有一个很坚硬的壳，就像一座牢固的小房子，当敌害侵犯它的时候，它就凭借脖子肌肉的收缩，把头迅速缩进小房子里，不管敌害有多厉害，都没有办法把它的甲壳弄破。

等敌害忙活累了，灰溜溜地走掉了，乌龟就安全了。

根据龟类动物缩脖子的位置，它们可分两大类：一类龟将脖子侧缩至龟壳下，另一类龟因脖子较短，它们直接将脖子向后缩。

延 伸 阅 读

据说海龟像陆地的大象一样，能够提前知道自己什么时候会死去，于是就寻找自己的墓地。它们找到洞穴，从洞口爬进，经过长长的通道，到达宽敞的洞穴内，便静静地趴着不动，直至死去。

互助互爱的动物

　　我们经常看到，各种动物为了自己的生存，与不同类甚至同类动物，展开你死我活的斗争。

　　然而，在一些动物之间也有互助互爱的行为。这种行为是自然选择的结果，因为在求生存的斗争中，动物间如果没有互助精神，就很难生存与发展。

　　美国斯坦福大学的生物学家们发现，一只名叫贝尔的雄性黑猩猩，常常从地上拣起一根根小树枝，认真地摘掉枝上的叶子，站在或跪在其他雄性黑猩猩身边。

　　贝尔一只手扶着其他猩猩的头，另一只手拿着光秃秃的小树枝，伸到那些猩猩的嘴里，剔去它牙缝中的积垢。原来它是用小树枝作为牙签，给别的雄性黑猩猩剔牙呢！有时，贝尔还直接用手指给雄性黑猩猩剔牙。

　　生活在草原上的白尾鹫，互敬互爱的行为更是让人敬佩。

　　这种专门以野马等动物尸体为食的鸟类，在发现食物之后，会发出尖锐的叫声，招呼自己的同伴来共同享用。

白尾鹫吃东西的时候总是先照顾长者，或让年老体弱的鹫先吃饱后，才开始吃。家里有幼鹫的母鹫，回家之后，还会把吃下去的肉吐出来喂幼鹫。

　　在非洲，有一只小羚羊喜欢和一头野牛结伴而行。羚羊常常在前面行走，野牛则在后面跟着。每走几步，野牛便会哀叫一声，小羚羊也会回过头来叫一声，似乎在应答野牛的呼唤。假如小羚羊走得太快了，野牛就高喊一声，小羚羊马上原地立定，等那野牛跟上后再走。这是怎么回事呢？原来野牛眼睛害了病，红肿得厉害，已无法单独行动，小羚羊在为它带路。

　　河马见义勇为的精神，曾经使一位动物学家感叹不已。事情是这样的：

　　在一个炎热的下午，一群羚羊到河边饮水，突然一只羚羊被凶残的鳄鱼捉住了，羚羊拼命抗拒可也无法逃命。

　　这时，只见一只正在水里闭目养神的河马，向鳄鱼猛扑过去。鳄鱼见对方来势凶猛，只好放开即将到口的猎物逃之夭夭。

接着，河马又用鼻子把受伤的羚羊向岸边推去，直到到了它认为是安全的地方为止。在岸上，河马还用舌头舔羚羊的伤口，用温和的目光慰抚受伤的羚羊。

延 伸 阅 读

一种小丑鱼与海葵之间也具有戏剧性的共生关系。在正常情形下，海葵触手上的刺细胞，只要受到轻微的碰触，就会射出毒液使靠近的小鱼麻痹。可是小丑鱼却能荡漾在海葵的触手缝中，来去自如，好像它们是好朋友一样。

有趣的动物葬礼

　　不少动物学家发现，很多动物对死亡的同类有悼念之情，并且有各种形式的葬礼，有些葬礼居然还很隆重。

　　大象表现最为突出。老象一死，为首的雄象用象牙掘松地面的泥土，用鼻子卷起土块，朝死象投去。接着，众象也纷纷照办，很快将死象掩埋。然后，为首的雄象带着众象踩土，一会儿就筑成一座象墓。此时，雄象一声大叫，众象便绕着象墓慢慢行走，以示哀悼。

猴子的情感更深沉。老猴断气后，猴儿们都围着它痛哭不止，然后一齐动手挖坑掩埋。它们把死猴的尾巴留在外边，然后静悄悄地注意观察动静。如果吹来一阵风把死猴的尾巴吹动，众猴就高高兴兴地把死猴挖出来，看它是否能活。当见到死猴毫无反应时，再重新掩埋。

　　在一个深山里，一群乌鸦在山坡上排成弧形，中间横躺着一只死乌鸦。有一只乌鸦像首领似的站在一旁，"呱呱"直叫，似乎在致悼词。叫完后，有两只乌鸦飞过去，把死乌鸦衔起来送到附近池塘里。最后，众乌鸦由首领乌鸦带队，集体飞向池塘上空，哀鸣着盘旋几圈，向遗体告别后才各自散去。

　　蜜蜂也像人一样，埋葬自己死去的同类。据研究人员观察，掩埋蜜蜂尸体的事由工蜂担任。一旦发现有蜜蜂在蜂房外死去，工蜂就把它的"尸体"搬到二米以外的地方，用青苔和草掩埋起来。

　　生活在北美沼泽地的灰鹤，每当发现死亡的同类，便会久久地在尸体上空来回盘旋。然后，灰鹤首领带着大队灰鹤飞落地面，默默地绕着灰鹤尸体转圈，悲伤地瞻仰死灰鹤的遗容。

　　而西伯利亚的灰鹤却保持着不同的葬礼形式。它们停立在同类的尸体跟前发出凄惨的叫声。突然，灰鹤首领长鸣一声，顿时大家沉默不语，眼中似乎泪光闪闪，一个个低垂着脑袋，好像是在庄严的追悼会上集体默哀。

　　非洲一种獾类选择了水葬。如果有一只獾发现了同类的尸体，它就会招来同伴一起将尸体拖入附近的河水之中。然后，伤心的獾群便站在河畔，一边望着汹涌的河水，一边哀鸣不止。

澳洲草原上的野山羊见到同类的尸体后伤心不已，它们会愤怒地用头角猛撞树干，使之发出阵阵轰鸣声。

延 伸 阅 读

亚马孙河流域的森林中，生活着一种体态娇小的文鸟，它们的葬礼也许是动物世界中最为文明的。每当有它们的同伴死后，文鸟就会叼来绿叶、浆果和五颜六色的花瓣，撒在同类的尸体上，以表示对死者的悼念。

动物的雌雄互变

　　男变女、女变男，对人类来说是难以办到的。就是在科技发达的今天，在医学手术的帮助下，变性也是一件不容易的事。但在生物界中，雌雄互变却是一种司空见惯的现象。

　　沙蚕是一种生长在沿海泥沙中的动物。当把两条雌沙蚕放在一起时，其中的一条就会变为雄性。但是，如果将它们分别放在两个玻璃瓶中，让它们彼此看不见、碰不到，则它们都不会变性。

一种一夫多妻的红鲷鱼，具有变性特征。当一个群体中的首领——唯一的那条雄鱼死掉或被人捉走后，在剩下的雌鱼中，身体强壮的，体色会变得艳丽起来，鳍变得又长又大，卵巢萎缩，精囊膨大，最终成为一条雄鱼而取代原来丈夫的职位。

但是如果把一群雌红鲷鱼与雄红鲷鱼，分别养在两个玻璃缸中，只要它们互相能看到，雌鱼群中就不能变出雄鱼来。但如果使它们互相看不见，雌鱼群中很快就变出一条雄鱼。

鱼类改变性别的目的，主要是为了能够最大限度地繁殖后代，使其他个体获得异性刺激。在一种雌鱼群或一种雄鱼群中，其中个头较大者，几乎垄断了与所有异性交配的机会。

当雌鱼较小的时候，能保证有交配的机会。待到它们长大时，变成雄性，便有了更多的繁育机会，与性别不变的同类相比，它们的交配繁育机会就相对增加了。

同样，在从雄性变为雌性的鱼类中，雌鱼的个体常大于雄体。雄鱼虽小，但成年的小雄鱼所产生的几百万精子，足够使大的雌鱼所带的卵全部受精。另外，这些雌鱼与成熟的无论个体大小的雄鱼都能交配。

因此，它们小的时候是雄鱼，长大以后变雌鱼，便得到双重交配的机会，与那些从不变性的鱼类相比，多产生了一倍的受精卵，这对繁殖后代大有益处。

　　在加勒比海和美国佛罗里达州海域，生活着一种蓝条石斑鱼。这种鱼的性别每天可变换数次。若两条鱼交配产卵，则其中一条充当雌鱼，另一条则充当雄鱼。一旦交配完成后，它们互相变换雌雄，再进行繁殖。

延 伸 阅 读

　　人们常见到的黄鳝，会在3年内，身体长至20厘米以上，尽到了做妈妈的责任。此后，它们的性别开始变化，至6岁时就全部变成雄性黄鳝。这时，它们体长可达42厘米以上。因此，黄鳝先做妈妈后当爸爸。

动物的冬眠

在加拿大，有些山鼠冬眠长达半年。冬天一来，它们便掘好地道，钻进穴内将身体蜷缩一团。它们的呼吸，由逐渐缓慢到几乎停止，脉搏也相应变得极为微弱，体温更是直线下降。这时，即使用脚踢它，山鼠也不会有任何反应，简直像死去一样，但事实上它却是活的。

松鼠睡得更死。有人曾把一只冬眠的松鼠从树洞中挖出，它的头好像折断一样，任人怎么摇晃，它始终不会睁开眼睛，更不要说走动了。把它摆在桌上，用针也刺不醒。只有用火炉把它烘热，它才会慢慢而动，而且还要经过很长的时间。

刺猬冬眠的时候，简直连呼吸也停止了。原来，它的喉头有一块软骨，可将口腔和咽喉隔开，并掩住气管的入口。

生物学家曾把冬眠中的刺猬拿来，放入温水中，浸上半小时，才能见它逐渐苏醒。

动物的冬眠各具特

色。蜗牛是用自身的黏液把壳密封起来。绝大多数的昆虫，在冬季到来时已经不是成虫或幼虫，而是以蛹或卵的形式进行冬眠。

熊在冬眠时呼吸正常，有时还到外面溜达几天再回来。雌熊在冬眠中，让雪覆盖着身体，一旦醒来，它身旁就会躺着一两只活泼的小熊。显然，这是成年熊在冬眠时生产出的仔。

动物冬眠的时间长短不一。西伯利亚东北部的东方旱獭和我国的境内刺猬，一次冬眠能睡上200多天，而俄罗斯的黑貂每年却只有20天的冬眠。

有些鱼也要冬眠。鲤鱼常常在河水底部过冬，几十尾至成百尾群集在水底的洼处围成一圈，头和头紧密地挨在一起，呼吸迟钝，鳃盖活动得非常缓慢，体温可下降到1℃，直至春天才复

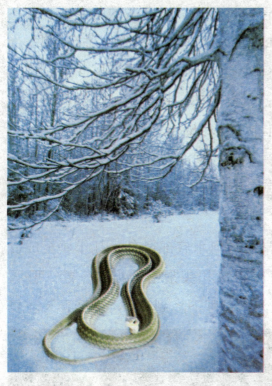

苏。丁鱼冬眠时比鲤鱼睡得更死，当把埋在河泥中冬眠的丁鱼挖出来，不用棒打还看不出它是活的呢！

更有趣的是，爱尔兰的冰蛇，入冬后就把身子全部冻在冰里，直躺时，像一根硬邦邦的棍子。盘卧时，像一朵白色的鲜花。当地人就把它当做手杖或编成门帘来挡风。天气转暖了，在人们还未抛弃它之前，冰蛇便会知趣地爬走。

延 伸 阅 读

钻心虫是以幼虫形态过冬的。幼虫躲在作物茎秆时挖凿出长长的隧道，用它自己吐出的丝结成网膜堵住隧道口，以确保冬眠的安全。有的蜘蛛干脆用吐出的丝织成一个袋子，黏附在岩石底下，躲在里面蜷曲身体不动弹，以此来御寒。

动物的行走方式

　　动物的种类很多，不同种类的动物的行走方式也是五花八门的。

　　昆虫有6只脚和两对翅膀，既能飞又能走，有的还会在水中游泳，真是太灵活了。

　　鲸和海豚用尾鳍上下打水前进，只看打水的样子，就知道是鲸还是海豚了。

鸟类大多会飞，飞得最快的是针尾雨燕，每小时能飞翔200多千米。驼鸟善于展开它那蓬松的羽翼，借助顺风，如张帆远航的快艇般疾走。

哺乳动物除了会跑之外，有的还会爬树，像猴子和松鼠；有的擅长游泳，像河狸和海象。当然，更多的还是靠奔跑来追捕食物。

大袋鼠或跳鼠是两条腿加支撑身体的尾巴"三条腿"跳着行走；鼯鼠有人说它会飞，其实它是用四条腿再借助前、后肢之间的皮膜在树间或山间滑翔；跑得最快的动物是猎豹，时速能达到110多千米。

苍蝇可以在墙壁上行走，因为它的爪子上有类似湿海绵的东西，可以起黏合剂的作用。

壁虎之所以这么能爬，靠的是脚趾上的皮瓣。皮瓣是软质的脊状构造，很轻易就可以压缩在一起，因此壁虎的脚趾能贴合像树干和石头一样的不平滑表面。镶嵌在壁虎脚趾上皮瓣里的角质素毛发，名为刚毛，能塞进物体表面上极其微小的凹洞里，刚毛只需要稍微弯曲，便可以获得最大的接触面积。

　　蜥蜴平时用四条腿爬行，遇紧急情况逃跑时常将前肢悬空，而只用后肢和趾奔跑。

　　蚯蚓没有脚，帮助蚯蚓爬行的是它身体表面的刚毛，当蚯蚓行进时，先把身体后部的刚毛插进四周的泥土里，身体前部的体节一节一节地向前缩短，从而形成爬行的动作。

　　蛇的腹部有许多宽大的鳞片，它的肋骨可以前后自由活动。当肋骨上的肌肉收缩时，肋骨就向前移动，带动鳞片前移，但这时只是鳞片动而蛇身不动。紧接着，肋骨上的肌肉放松，鳞片的尖端像脚一样，踩住粗糙不平的地面或树干，靠反作用力把蛇身推向前方。

延 伸 阅 读

鸵鸟虽然不会飞，但是善于奔跑，在沙漠中每小时能跑60千米。企鹅是鸟类中最适应水中生活的，它们虽然已完全失去了飞翔的能力，但翅膀已转化为宽大的鳍，推动它们身体在水中前行。

动物的自卫武器

自然界中的每一种动物都有敌害，为了避免被敌害吃掉或攻击，动物在进化过程中生长出了独特的自卫武器，掌握了特殊的防御本领。

不少蝶类和蛾类都是"化装大师"，它们喜欢将自己装扮成令天敌惧怕的凶猛动物。

有的昆虫（如蝶、蛾）会把自己打扮成面目狰狞的蛇类，在胸、背装饰一对好似眼睛一样的大圆斑。这对可怕的"大眼睛"不仅有眼眶，还有眼膜和瞳孔，这使它们看上去很像一条小蛇。

当鸟儿来进攻时，它们会昂起头来，像蛇发起进攻时那样不停地摇头晃脑，摆动鼓胀的胸部，将这些见蛇胆寒的鸟儿吓走。

一些昆虫还有模仿自己的本领。有一种叫斑马灰蝶的昆虫幼虫，能使自己的尾部化装成头部的模样儿。这使天敌在进攻斑马灰蝶时，不知哪一边是它真正的头。一旦天敌选错了攻击方向，斑马灰蝶便有机会逃之夭夭。

豪猪、针鼹和刺猬身上都长着坚硬的长刺。遇到敌害，它们的身体便缩成一个刺圆球，弄得敌害不知从哪儿下口。豪猪的刺在身上长得不牢，有的还有倒钩，能像箭一样扎到敌害的身上，越扎越深,甚至还能致敌害命呢!

穿山甲身披坚硬的鳞片当作盔甲,像古代的武士一样,遇到危险时就把身体缩成一个硬团,谁也对它没有办法。

非洲的热带森林中,有一种眼镜蛇,能射出一缕缕的毒液,最远可达到4米。一些弱小的野兽遭到一次射击就会丧命。

中美洲森林中的酸的虫,背部贮藏有浓度为84%的醋酸,必要时,可把醋酸液喷射80厘米远,用以攻击来犯者。

黄鼠狼惯于使用臭屁"毒气弹",硬是能把敌害熏跑。

美洲的臭鼬能把奇臭无比的液体射出两米多远,如果喷到人的脸上,人会立刻昏倒。所以它敢在森林中大摇大摆走来走去,谁也不怕。

负鼠遇到危险逃不掉时也不抵抗，而是四脚朝天，两眼瞪直，一动不动地装死，等敌害走远，再迅速翻身跑掉。

另外，动物还有保护色、警戒色和拟死等种种保护自己的方法，它们是不是很聪明？

延 伸 阅 读

海洋里的某些鱼类，防卫的武器更是"先进"，它们遇到敌害，能放出电流来击伤对方。如电鳐放出的电可达200伏，电鲶放出的电可达350伏，而电鳗放出的电竟可达500伏！如此"高压"的电流让对手望而生畏。

动物尾巴的用途

动物几乎都有一条尾巴，每种动物的尾巴都有各自不同的用途。

鸟把尾巴当做飞翔器。鸟的尾巴上长着又长又宽的羽毛，这些羽毛展开时好像扇子，能够灵活转动，便于掌握飞翔方向。鸟尾在飞翔时起着舵的作用。

鱼把尾巴当做游泳器。鱼在水里靠尾巴的左右摆动，促使身体向前推进。鱼的尾巴还能控制方向，并随不同的摆动方向而转变游弋方向。

牛和马都把尾巴当做平衡器。牛和马都长有长长的尾巴，牛尾巴末端长着丛生的毛，马尾巴后则是长长的刷子。当它们奔跑时，尾巴都会竖起，起着平衡身体的作用。

猫的尾巴不仅能帮助它保持平衡，还能使它从高空落下时翻过身来，四脚着地，这样才摔不坏。

鳄鱼把尾巴当做武器。生活在热带地区的非洲鳄，见到牛、羚羊、鹿等动物在河边饮水时，便突然将尾巴一扫，把这些动物打入河里，然后张开大嘴，饱餐一顿。

狐狸的尾巴大而蓬松，在跳跃、急转弯时可用来稳定身体的重心，冬季睡觉时用它来暖身子，走路时用尾巴扫掉足迹，使追赶的敌人无迹可寻。

　　狐猴把尾巴当做仓库。在食物丰富的雨季，狐猴就在尾巴里储存起大量营养品；在食源缺乏的旱季，狐猴靠消耗尾巴里储备的营养来度日。

　　绵羊的尾巴是营养的储藏库，当食物充足时，它会把脂肪贮藏在厚实肥大的尾巴里；而青黄不接时，它又能靠尾巴里的脂肪度过饥荒。

　　松鼠把尾巴当做交际工具。美洲松鼠在合力对付蛇时，用尾巴来传递信息。尾巴猛挥三下，表示总攻开始；挥两下，表示继续进攻；挥一下，表示停止进攻。此外，它们还用尾巴的不同摆动状态，来表示威胁它们生存的蛇的种类、大小、距离和运动方向。冬天睡觉时，这条大尾巴就成了它的被子，真暖和呀！

狗尾巴的主要功能是表达心态和情感。比如，它在主人面前摇摆尾巴是表示亲昵，而在两狗相斗时，败者便会神情沮丧地夹起尾巴逃跑。

延 伸 阅 读

老鼠的尾巴也有特殊之处。为了偷吃瓶内的油，用尾巴伸进瓶子里，浸油后提取出来，然后一滴一滴地流进嘴里。有趣的是，老鼠尾巴还能偷鸡蛋，一只老鼠四脚仰天把鸡蛋抱在怀里，另一只老鼠拽着它的尾巴，把鸡蛋拖进洞里去。

动物的杀亲行为

科学家经过实地考察证明，在野生动物中，故意杀幼子是一种经常性的现象。有些学者认为，动物杀幼子可能是由于它们聚集的密度太高，或者是由于人类干扰太多的缘故。

在乌干达基巴尔丛林中，有三种猿猴，虽有充分的生活空间，而且不受人类干扰，但是它们仍然杀幼子；在狮子和几种猿猴群中，也有为了节省食物或因争执而杀子，甚至还有食子的情况。叶猴是非攻击性动物，它们有时会表现出很野蛮的行为，激战、绑架和性骚扰非常常见。雌猴还会自发地遗弃那些受伤的幼猴，有时甚至将它们杀死。

野生动物不仅雄性会杀幼子，雌性也会杀幼子。雌黑猩猩有时吃掉其他雌兽的幼子，雌海象会杀死试图来索乳的陌生小海象。

在野狗和鬣狗的群体中，高级雌兽会杀死低级雌兽的幼子。啮齿类中也有这种虐杀行为，这可能是它们希望为自己的幼子获得窝巢的缘故所致。

除了哺乳类动物之外，其他动物杀死血亲之事也屡见不鲜。雄鱼有时吞食它们已受过精的鱼卵，而某些种类的鲨鱼，还在母腹中时，就啃食其兄弟姐妹了。

在食物缺少时，鸟类双亲往往舍弃已生下的卵，飞往他处谋生，更有甚者，有时双亲会唆使其幼子做这种"坏事"。

例如黑鹰，先生下第一枚蛋，孵化几天后再生第二个。当老大孵出后，往往把老二啄死。

有学者认为，第二枚蛋是以防万一的。因为这种鸟一年只有一只幼雏。如果幼雏意外死亡的话，这年便没宝宝了，所以第二枚蛋是备用蛋。

在狮子的社会群系中，两只雄狮为争取在这一群体中的霸主地位而展开殊死搏斗。一旦老狮王被取代了，新狮王便会急于生育新的后代，而原先群体中留下的后代大多会被新入主的雄狮咬死。成年雄性老鼠的做法似乎比狮子更为彻底。新鼠王往往会释放一种化学物质，使正在怀孕的雌性老鼠流产，并立即进入新的发情期。

　　动物的杀亲行为并非偶然，与其让它们的弱小后代生存下来，不久就被天敌捕食掉，还不如在胚胎或年幼时就消灭，这样有助于其他个体的生存。

延　伸　阅　读

　　白鹭一次只产三枚蛋，前两枚分别含有大量生长激素和一些有助于它们生长的化学物质，而第三枚蛋获得物质较少。这些物质决定了幼鸟的好斗性，当三枚蛋正常孵化生长时，前两枚由于获得了较多的生长物质，会将第三只幼鸟杀死。

老虎和狮子的强弱

老虎每次食肉量为17千克至27千克，体形大的每顿可达35千克。由于脚上长有很厚的肉垫，老虎在行动时声响很小，机警隐蔽。它的跳跃能力强，一跳约能达5米至6米远。

老虎遇到猎物时会伏低，并且寻找掩护，慢慢潜近，等到猎物走近攻击距离内，就突然跃出，攻击背部，这是为了避免遭到猎物反抗而伤到自己。老虎会先用爪子抓穿猎物的背部并且把它拖倒在地，再用锐利的犬齿紧咬住它的咽喉使它窒息，不然就是咬断颈椎，直到猎物死亡才松口。

　　狮子通常捕食比较大的猎物，例如野牛、羚羊、斑马，甚至年幼的河马、大象、长颈鹿等，当然对小型哺乳动物、鸟类等也不会放过。有时它们还会仗着自己个头大，顺手抢其他肉食动物的猎物，甚至为此不惜杀死对方。另外，它们也经常吃动物腐尸，特别喜欢抢鬣狗的食物。

　　实际上狮子捕食猎物的成功率只有20%左右，单只狮子捕食猎物的成功率更是只有15%，如果根据食物密度来算，成功率远低于虎。如果捕食猎物地比较容易藏身，它们才容易获得成功。一旦吃饱了，它们能五六天都不用捕食。

人们多称老虎为"山大王"，因为它额头上长有一个"王"字形的花纹，又称狮子为"百兽之王"，那么，它们两个究竟哪个厉害呢？可惜的是，老虎和狮子还没有真正较量过，胜负也就无法知晓了。

　　老虎生活在亚洲，狮子生活在非洲和亚洲西部，两者相距甚远，缺少较量的机会。科学家认为：若讲一对一打斗，老虎可能比狮子略胜一筹。老虎生于山林，敏捷凶猛，狮子生于草原，心情较开朗，雄狮很懒散，所以难以敌过老虎。

狮子喜群体活动，出猎也是一群，而老虎形单影只，独来独往。用一只对一群，老虎恐怕要吃亏。

　　狮子的体形比老虎大，但老虎比较灵活，真的打起来也可能是不相上下。

延　伸　阅　读

　　尽管虎是独居动物，并有着自己的领地，公虎仍可能常和自己的配偶及孩子们待在一起。成年虎，尤其是同胞兄弟姐妹之间很可能在一段时间内相互协作，共享收获。但这种时光不会很长，它们就会各奔东西。

豹的生活习惯

　　豹擅长爬树，经常爬到树上休息、睡觉，或者埋伏在树枝间伺机出击，捕捉猎物。

　　豹可以说是完美的猎手，身材矫健，动作灵活，奔跑时速最高可达70英里（约合113千米）。既会游泳，又会爬树，性情机敏，嗅觉、听觉、视觉都很好，智力超常，隐蔽性强，是一种食性广泛、胆大凶猛的食肉类。

　　豹的猎物主要有鹿、羚羊及野猪，但亦会捕猎灵猫、猴子、雀鸟、啮齿动物等，一般视猎物产地而定。

豹也有捕食黑猩猩的的纪录。在猎物缺乏时，它也会捕猎家畜，因而发生人豹之间的冲突。

豹猎获到食物以后，喜欢爬到树上，把吃剩下的食物藏在树枝之间，豹这样做是为了防止鬣狗或其他野兽偷吃自己的食物。

鬣狗经常吃其他动物吃剩的食物。当凶猛的动物捕获到猎物后大吃大嚼的时候，鬣狗站在远处观望着，等它们吃完离去后，鬣狗就跑过去吃点残渣剩肉。

鬣狗还专门偷吃其他动物贮藏的食物，但是鬣狗不会爬树，对豹藏在树上的食物，毫无办法。

豹与猎豹是很相似的。我们可以看到它们体型上非常相似，甚至远看都区别不开，不过，它们还是有区别的。

豹经常是在夜间捕食，它从树上下来的时候，能够一下扑中猎物，很少有失手的时候。所以在很多时间我们看见的豹是待在树上，而且一般被捕食的像羚羊这一类的动物，不容易看见它。而它容易发现猎物，一旦当猎物从树下走过的时候，它就迅速地猛扑下来。

当豹捕到猎物之后，它与猎豹不一样，它喜欢把猎物拖到树上，把猎物藏在树枝之间然后慢慢进食。

在自然界，猎豹尽管跑得很快，它经常还是抓不住羚羊。这是为什么呢？

猎豹虽然跑得快，但是它跑的距离很有限，就是说它只能跑几百米。

猎豹无法在夜间捕食，而豹是可以的，并且豹大部分时间是在夜间捕食。

另外，猎豹可以像犬一样坐着，类似犬科动物的坐姿，这是其他猫科动物所没有的。猎豹身上的斑点是实心的，豹一般是空心的，豹也没有猎豹面部的泪痕。

延 伸 阅 读

豹头圆、耳短、四肢强健有力，爪锐利伸缩性强。其体型与虎相似，但较小，为大中型食肉兽类。豹的体重一般约50千克左右，最重可达100千克；体长1米~1.5米，尾长超过体长的一半。

大象鼻子的用途

　　大象是现存世界最大的陆生动物，可以重达6吨。大象平均每天能消耗75千克~150千克植物。它们尽管有一个巨型的胃和19米长的肠子，但是它的消化能力却相当差。

　　大象主要外部特征为柔韧而肌肉发达的长鼻和巨大的耳朵。大象的长鼻具缠卷的功能，是大象自卫和取食的有力工具。它的长鼻子由近4万块富有弹性的小肌肉组成，能极灵活地伸缩自如，作出灵巧地动作。大象的鼻子有千万根神经末梢，鼻端生有一个或两个手指般的突起物，有舌头尝味和鼻子嗅气味的两种功能。

大象的鼻子就像一只灵巧的"手"，大象靠它取食、洗澡和防止敌害的侵袭。

另外，大象的鼻子还能喝水。那大象是怎么喝水的？大家都知道，人在游泳的时候，总是要用嘴来换气，如果不小心鼻子里吸进了水，就会呛进肺里去，便咳嗽不止。

体型庞大的大象在喝水的时候，喜欢用长长的鼻子把水吸进去，然后再把鼻子放到嘴里。在炎热的夏天大象用鼻子吸水，然后喷洒到身上来给自己洗澡。

为什么大象这样使用鼻子，却从来没有见过它被呛呢？大象的鼻子被呛过吗？

答案当然是肯定不会呛啦！原来，大象鼻腔的结构比较特殊，虽然它的气管和食道是彼此相通的，但是在大象的鼻腔后面的食道上方长有一块软骨。大象用长鼻子吸水时水就会进入鼻腔，由于大脑中枢神经的支配，喉咙部分的肌肉就发生收缩，促使食道上方的这块软骨暂时将气管口盖上，水就由

鼻腔进入食道，而不会进入气管，正因为如此，水也就不会呛入与气管相通的肺里去。

当它将水喷出去以后，软骨又会自动张开，以保持呼吸的正常进行，这种动作是十分协调的。

大象的鼻子非常灵敏，距离几百米远，它们就能闻到来犯者的异

常气味，这一点弥补了它视力和听觉方面的缺陷。

受过训练的亚洲象能帮助人们做各种各样的工作，在印度的一些木材加工厂里，人们利用大象来搬运木材，运送货物。大象吃青草、树叶和瓜果等食物，全靠鼻子帮助送入嘴里。大象走路时还会用它那长长的鼻子当拐杖哩！

延　伸　阅　读

大象的其它器官也各有用途：两只大耳朵可以听见大草原上的任何风吹草动，也可以用来赶苍蝇。两根象牙非常尖锐，是它们最好的自卫武器。大象的四肢粗短而强壮，用以支撑其巨大的身躯，让它屹立不倒。

大象耳朵的用处

大象的主要特征是长鼻子和大耳朵。

至于耳朵，兔子的长耳朵是为了更好地听声音。大象在热带丛林中几乎没有什么敌害，有必要长那么两只大耳朵吗？

世界上现存两种大象，亚洲象和非洲象。非洲象又分非洲丛林象和非洲森林象两种。不管是哪一种大象，它们都长了一对巨大的耳朵，功用也基本相同。

非洲森林象耳朵呈椭圆形，个体较小，非洲丛林象和非洲森林象有着明显不同的遗传特征，其外表特征也有很大的差别，但它们的耳朵也都是椭圆形的。

耳朵对于大象来说，最大的作用是散热，这是大多数人所不知的。

大象的体积特别大，因此身体代谢产生的热量也格外多，体温过高或过低都会对大象的身体造成巨大的伤害，甚至危及生命，这也就需要一个有效的方法来帮助大象散热。

大象的耳朵不仅大而薄，里面充满了血管，血流经过这里时，很容易就把热量散发了。特别是把耳朵扇动起来，更容易把耳朵里的血的温度快速降下来，它至少能够让血液温度降低5℃。

血液温度降低后在大象体内循环，能帮助大象把全身的温度降下来。由此可见，大象的耳朵是作为散热器进化出来的。

因非洲象比亚洲象所处环境更热，所以其耳朵也就更大。正因为大象的耳朵血管丰富而皮肤薄，所以兽医给大象治病时，输液就选在耳静脉进行。

大象的耳朵还有手的功能，在动物园里，在游人围观大象时，当人们为它的硕大身躯和有趣行为拍手喝采时，得意的大象会配合眼神和鼻子的动作，摆动两只大耳朵打"哑语"向游人致意。大象耳根是全身最敏感的部位，所以驾御大象的人总是骑在其颈部，用两只光脚丫子分别顶在两耳的后边内侧根部，并用大拇指头扣其痛点，便可指挥它完成各种任务了。

当然，大象的耳朵还具有许多其他的功能，例如：扇动起来驱赶蚊虫，甚至在遇到敌情时张大耳朵进行示威。

延 伸 阅 读

大象可以用人类听不到的次声波来交流。次声波在无干扰的情况下，一般可以传播11千米，如果遇上气流导致的介质不均匀，只能传播4千米。但此时象群会一起跺脚，产生强大的"轰轰"声，这种方法最远可以传播32千米。

"沙漠之舟" 骆驼

　　"沙漠之舟"骆驼有极强的耐饥渴的能力，在一次饮足水之后能长时间不喝水。它们为什么不怕渴呢？

　　首先，骆驼的胃分为三室，其中一室就是专门贮水的。

　　其次，骆驼的脂肪组织也很特殊，其脂肪类似于海绵，含水量比其他动物高。当骆驼严重缺水时，其脂肪组织里的水分也会失去，使脂肪变得干瘪。

　　据资料显示，干渴的骆驼一旦遇到水，能在10分钟内喝下

100千克水，这些水除了贮存在胃里外，还有一部分进入血液和脂肪中。

另外，骆驼善于调节水分消耗，如呼吸次数减少，小便量也随之减少等。这样，就能保证水分不至于散失过多。骆驼的驼峰是一大堆脂肪，一头营养充足的健康骆驼，其驼峰可以重达35千克。

人类和大多数动物都将脂肪与肌肉组织混合在一起储存，或者紧挨着皮肤下面储存。骆驼是唯一具有驼峰这样组织的动物。有了驼峰，骆驼可以不吃食物而存活非常长的时间。由于骆驼通常生活在沙漠地区，长时间缺乏食物，因此这种能力对于骆驼来说是很重要的。

夏天里，一头骆驼每天需要消耗大约20升水。然而，骆驼可以从它的身体组织中失水多达100升而不会产生不良的影响。为了节约水分，骆驼可以应对剧烈的体温变动。骆驼在早晨的体温可能只有34℃，而随后体温可能会上升至40℃。只有在最高体温的情况下，它才需要通过出汗来避免身体过热。而人只要升高两摄氏度就意味着生病了，相比之下，骆驼就应付自如了。

骆驼还有个与众不同的鼻子，鼻子内部有极细的管道，一旦缺水，就会在管道的表面上结一层硬皮，吸收从肺部呼出的水分，水分便不容易散失，吸气时，水分又回到体内。这样，水分在骆驼体内反复循环利用，它就能在火热的沙漠中长途行走而不怕渴。由于骆驼有这些特性，所以茫茫的沙漠在它眼里一点儿也不可怕。加之它熟悉沙漠里的气候，可以驮很多东西，因此人们把它看做渡过沙漠之海的航船，称其为"沙漠之舟"。

延 伸 阅 读

骆驼以驼峰著名，但是它们的驼峰并不是用来存储水，而是用来聚集脂肪的。骆驼的水存储在血液中。但是当这些脂肪组织发生转换时，骆驼不仅可以得到能量，并且通过与氧气的反应转换成相应的水。这一能力让骆驼在没有水的条件下可以生存两周。

美丽的长颈鹿

长颈鹿长着长长的脖子和腿，身体上还有独特的斑纹，头上长着一对短短的角。和其他哺乳动物一样，长颈鹿灵活的脖子也只包含了7块背椎骨，但这些骨头都被拉长了。

为什么长颈鹿要长这么长的脖子呢？

长颈鹿的长脖子，是为了适应环境而进化成的。长颈鹿的祖先，生活在没有草的环境里。它们为了生存，只好努力伸长脖子吃树叶，这样辈辈相传，脖子慢慢就变长了。

还有一种说法，长颈鹿的祖先之间存在微小差异，有的脖子长，有的脖子短，久而久之长脖子的可以吃到树叶，短脖子的吃不到树叶便饿死了。

这样，长脖子得到遗传，便成了长颈鹿。不过，长脖子是一种生存劣势。由于头比心脏几乎高了3米，为了能保障大脑的血液供应，长颈鹿的心脏很大，动脉管壁很厚，使长颈鹿的血压是所有哺乳动物中最高的。

长颈鹿的长脖子对它们的求偶也很重要。在求偶季节，雄长颈鹿会挥动长脖子互相撞头进行决斗，脖子越长，就越容易获胜，从而取得交配的机会。

这种决斗非常激烈，有时甚至能导致死亡。雌鹿也比较喜欢接纳脖子较长的雄鹿。

生活在非洲的野生长颈鹿往往是站着睡觉，尤其是短睡阶段；在动物园里生活的长颈鹿，由于不会受到敌害的威胁，常常是趴着舒舒服服地睡觉。当长颈鹿趴着睡觉时，它的两条前腿和一条后腿弯曲在肚子下，另一条后腿伸展在一边，长长的脖子弯向后面，把带茸角的脑袋送到伸展着的那条后腿旁，下颌贴着小腿。这种睡姿，既能缩小目标，又可在紧急情况下逃之夭夭。

长颈鹿的睡眠时间比大象还要少，一个晚上一般只睡两个小时。

　　对于长颈鹿来说，睡眠实在是一件非常棘手的事，甚至会使它们面临危险。

　　由于脖子太长，长颈鹿睡觉时常常将脑袋靠挂在树枝上，以免脖子过于疲劳。

延 伸 阅 读

　　长颈鹿喜欢采食高大乔木上的树叶，还喜欢吃一些含水分的植物嫩叶。它的舌头伸长可超过40厘米以上，是青黑色的，嘴唇薄而灵活，能轻巧地避开植物外围密密的长刺，卷食隐藏在里层的树叶。

"北极霸主" 北极熊

　　在零下80℃的冰雪王国里，如果没有御寒能力的哺乳动物瞬间即可冻僵。而素有"北极霸主"之称的北极熊，却可逞威于冰雪王国。它不仅可以游遍四方，而且可进入冰冷刺骨的海水里，一口气游上10多千米。北极熊为什么不怕寒冷呢？

　　北极熊是现存熊类中体型最大的一种。生活在北极地区内，冬季主要捕食海豹、海鸟和鱼类，夏季主食植物。

20世纪末，美国化学家马尔克姆·亨利发现了北极熊不怕冷的奥秘。亨利用电子显微镜观察北极熊的体毛时，发现毛都是无色透明空心的小管子，实际上就是一根根微细的"光电管"，只有紫外线能沿着中间的空芯通过。北极熊利用这些光电管吸收阳光中的紫外线，使身体周围温度增高。还有它那几厘米厚的皮下脂肪层和连水都很难渗入的体毛，会起到良好的保温作用。这样，北极熊身披能自动调温的皮大衣，所以，它能踏遍冰雪王国，自然不会惧怕寒冷了！

北极熊的皮肤是黑色的,我们从它们的鼻头、爪垫、嘴唇以及眼睛四周的黑皮肤上就能看见皮肤的原貌。黑色的皮肤有助于吸收热量,这又是保暖的好方法。

北极熊很适应寒冷地区的生活。它们那白色的毛与冰雪同色,便于伪装。除了鼻子、脚板和小爪垫,北极熊身体的每一部分都覆盖着皮毛。多毛的脚掌有助于在冰上行走时增加摩擦力而不滑倒,当然也不会畏惧寒冷甚至可以在冰水中行走很久。

在严冬,北极熊外出活动大大减少,几乎可以长时间不吃东西,此时它们寻找避风的地方卧地而睡,呼吸频率降低,进入局部冬眠状态。

所谓局部冬眠，一方面是指它们并非像蛇等动物的冬眠，而是似睡非睡，一旦遇到紧急情况便可立即惊醒，应付变故。另外，北极熊只是在较长的一段时间里不吃不喝，而不是整个冬季。

延 伸 阅 读

　　北极熊不怕寒冷是毋庸置疑的，但它还不是最不怕寒冷的动物。极地鸭，能忍受零下110℃的严寒。如果举办耐寒比赛，极地鸭一定能摘金牌，而银牌得主该是企鹅，铜牌则由海豹收入囊中，北极熊只能屈居第四位了。

独居动物黑熊

　　生活在我国东北地区森林中的黑熊，体毛粗密，一般为黑色，头部又宽又圆，耳朵圆，眼睛比较小。因为它的视力不好，又称"熊瞎子"。

　　黑熊的口鼻又窄又长，呈淡棕色，下巴则呈白色。黑熊的毛虽不太长，头部两侧却长有长长的鬃毛，让它们的脸更加宽大。

　　黑熊身宽体胖，四肢粗短，脖子也短，眼睛又小，给人一种笨拙的感觉。

　　其实，它的动作相当灵活，因为脚掌硕大，尤其是前掌。脚掌上生有五个长着尖利爪钩的脚趾，能游泳，会爬树，在森林里跑得也不慢。

　　黑熊的力气特别大，可遇到敌人时，却总是主动跑开。

不过，你若惹恼了它，它会变得很凶猛，一巴掌就可以拍死一头牛。

冬天要到了，黑熊在冬天到来之前，会先找一大堆食物，吃得肥肥胖胖，然后钻到枯朽的树洞里或山洞里睡大觉，即是冬眠。它睡得很浅，有时从冬眠中醒过来，走出洞穴寻找食物。

母熊在冬眠时还会生下熊宝宝，通常是每次生两只。刚生下的小熊体重不足500克，全身赤裸无毛。不过，小熊长得很快，一个月后全身就长满了又软又密的毛，可爱极了。

小黑熊们和妈妈住在窝里。直到春天，天气变暖，熊妈妈才带着熊宝宝们出来，开始在树林里尽情玩耍。

黑熊特别喜爱吃蚂蚁，它发现蚂蚁窝时，便把手掌伸进去，等蚂蚁爬满手掌后，再用舌头一舔，就将蚂蚁活吞到肚里。据专家观察，有的蚂蚁随黑熊粪便排出体外时还活着呢！

秋天，黑熊经常跑到庄稼地里去偷玉米，但它不立刻吃，而是把玉米穗夹在腋下，结果掰下一穗又掉一穗，到最后，还是只偷走一穗玉米。

黑熊最爱吃蜂蜜，只要发现野蜂巢，就会千方百计地把它弄下来。

黑熊明知野蜂不好惹，但为了蜂蜜，常常硬着头皮爬上树，结果头上被蜂群乱刺乱螫，尽管毛长皮厚，还是疼痛难忍，甚至脸上被螫得发肿。可是黑熊决不下来，直至扯下蜂巢，把蜂蜜掏光为止。

有这样一种说法，就是当你在森林中遇到黑熊时，躺在地上装死，便可免受黑熊的袭击。

现在，科学家通过分析得出了完全相反的结论，认为要想从熊掌下逃生，最有效的方法是勇敢地与它搏斗。

他们解释熊伤人的原因时说，一是为吃人，二是为反击人，三是为了玩耍。如果遇到第一或第三种情况，你如果躺在地上装死就等于白白去送死。

延　伸　阅　读

　　黑熊为独居动物，只有交配的时候才会雌雄相会，并在一起寻找食物。不同地区的黑熊交配季节有所不同，有的在6～7月份交配，幼崽于12月份出生；有的到10月份才会考虑传宗接代，它们的宝宝在次年2月前后降生。

长臂猿的拿手好戏

　　长臂猿，因其前臂长而得名，身高不足一米，双臂展开却有1.5米，站立时手可触地，故而得名。

　　我国有五种长臂猿，即白掌长臂猿、白眉长臂猿、海南黑冠长臂猿、黑长臂猿和白颊长臂猿，它们是仅次于人类的高级灵长类动物，是我国一级保护动物。

　　长臂猿生活在茂密的树林中，采用"臂荡法"行动，它的两条灵活的长臂和钩形的长手，使它们穿林越树如履平地，无论觅食、玩耍、休息、求偶、生殖、哺育幼仔等几乎全部在树上进行。

行动的时候，长臂猿能用单臂把自己的身子悬挂在树枝上，双腿蜷曲，来回摇摆，一次腾空移动的距离就有3米远，每次可以连续荡越8米至9米。

雌长臂猿还让刚出生不久的幼仔用手脚抱在自己的胸前，带着它一起在森林的上空飞速跃进。它们的动作灵活、自然、轻松、优美，如同飞鸟一般，使人感到惊心动魄。

长臂猿会唱歌，它的喉部长有喉囊，又叫音囊，喊叫的时候，喉囊可以胀得很大，使喊声变得极其嘹亮，是哺乳动物中名符其实的"歌唱家"。它们特别喜欢鸣叫，形式有雄兽的"独唱"、雄兽和雌兽的"二重唱"和雄兽及其家庭成员的"大合唱"等。

气势磅礴的"大合唱"，一般是成年雄兽首先发出引唱，然后成年雌兽伴以带有颤音的共鸣，以及群体中的亚成体单调的应和，"呜喂，呜喂，呜喂，哈哈哈"，音调由低至高，清晰而高亢，震动山谷，在几千米之外都能听到。

　　它们的这种习性，既是群体内互相联系、表达情感的信号，也是对外显示它们的存在、从而防止入侵的手段。遗憾的是，它们高昂悦耳的歌声也给自己带来了灭顶之灾，因为偷猎者正是根据它们的"歌声"寻找到它们的。

　　长臂猿是最重感情的动物。当猿群中有受伤、生病或死亡者时，在相当一段时间里，它们就不再歌唱和嬉闹。它们是动物中"感情最丰富"的动物。长臂猿是典型的一夫一妻制动物。因为长臂猿不是群居，它们每个家庭生活在一个很大的领地里。东南亚有一种长臂猿在树林之中吊来荡去，很少到地面活动，其优美的荡姿和变化多端的技法，展现了其高超的技巧。

　　随着近代人类经济活动领域的扩大，原始森林不断被开发，加上无端地乱捕滥杀，使长臂猿的分布范围越来越小，数量明显下降，有一种因手足均为白色而得名的珍稀的白掌长臂猿，分布在我国云南西南部，目前仅剩下30只～40只左右。而另一种生活在云南北部的珍稀的白眉长臂猿的野外数量也仅有100只左右。

　　造成长臂猿资源毁灭的原因很多，既有自然方面的原因，也有社会方面的原因，但主要是森林的破坏和气候的变迁。长臂猿是典型的树栖动物，栖息于热带或热带性原始森林中，它们和其他灵长类动物一样，失去了森林就无法继续生存下去。

　　延　伸　阅　读

　　长臂猿和人类有着亲缘的关系，它的形态构造、生理机能和生活习性比较接近于人类。它们在身体构造上有许多方面和人类极为相似，例如牙齿都是32颗，胸部只有一对乳头，血型也有A型、B型、AB型，只是缺少O型。

会游泳的长鼻猴

长鼻猴又称天狗猴、瘤鼻猴、象鼻猴，生活在河流和港湾沼泽地的红树林中。手足均有五个指、趾，有扁平的指甲，五个脚趾间有蹼，可以在水里游泳，并且能直立起来。消化系统分为好几部分，有助于其消化树叶。

在猴类中，长鼻猴对饮食最为讲究，它们的胃口也很大。它们的食物除树叶外，也包括水果和种子。

　　雄长鼻猴一般72厘米长，尾长75厘米，体重24公斤。雌猴不足雄猴体重的一半。据说，长鼻猴是世界上体重最重的猴子。

　　长鼻猴是一种群居的动物，昼行性活动范围大约在9平方千米左右。

　　每天清晨，长鼻猴就在林中的树梢上晒太阳，然后开始在水边附近活动，采食各种水生植物的嫩芽、嫩叶以及少量果实。它们特别喜欢吃一种名叫海桑的植物，午后大多躲藏在树阴下乘凉。

　　长鼻猴群体中的成员也常常打闹、嬉戏，特别是在黄昏前，常从四面八方向水边一带移动，并且发出尖叫、怒吼、呼噜、呻吟等各种各样的怪叫声，以及从一棵树向另一棵树腾跃的响声。

长鼻猴晚上就在沿河的树上歇息，有时可以见到好几群长鼻猴全部聚集在沿着河边分布的林带的树上睡觉。

长鼻猴还是游泳的好手，可以渡过较大的河流。在海边的浅水地带，它也能够像人一样，伸开双臂涉水而行。

长鼻猴与其他猴类最大的区别，是成年雄兽的鼻子随着年龄的增长，变得越来越大，最终长度可达至七八厘米，由于颜色红艳，远远望去，就像挂在脸上的一个茄子状的红气球。

由于这条大鼻子一直悬垂到嘴的前面，晃晃荡荡，在吃东西的时候，就不得不先将它歪到一边。

更为有趣的是，在长鼻猴感情激动的时候，这条大鼻子还能向前挺直，并且上下晃动着，样子十分滑稽，令人捧腹。到了求偶的时候，雄兽也主要是依靠硕大的鼻子向雌兽讨欢心。

此外，雄性长鼻猴还长着一个与众不同的胀鼓鼓的大肚皮，这种形象使得不熟悉长鼻猴特点的人，往往将它误认为是即将临产的雌兽。

延 伸 阅 读

长鼻猴幼仔的样子与成年个体大不相同，出生以后具有一张深蓝色的脸，上面有眼环和一个又小又扁的朝天鼻子，三个月后颜色转为灰色，九个月后又变为棕色。幼仔全身的体毛均为黑色，半年以后则逐步被赭黄色的体毛所替代。

喜欢嚎叫的狼

　　在偏僻的山村，一到夜深人静的时候，可以听到狼群的嚎叫声。在牧区，狼也经常在夜间出来伤害羊群。那么，为什么狼爱在夜间嚎叫呢？

　　世界上各种动物都有自己的生活习性。狼是一种以肉食为主的野兽，专门猎食兔子、野鸡、田鼠、小鹿、小羊等，还吃腐肉和动物尸体，甚至同类间也互相残杀，狼群有时还会伤害人类。

狼的食量很大，一次能吃数十千克肉。狼的忍饥性也很强，饱餐一顿可以好几个月不吃，而其凶猛劲却丝毫不减。

狼既耐热，又不畏严寒。习惯夜间出来活动。嗅觉敏锐，听觉良好。狼的本性残忍而机警，极善奔跑，常采用穷追方式获得猎物。

每到傍晚，饥饿的狼往往成群结队地出来觅食。它们一边走，一边发出低声的嚎叫。动物的叫声是相互联系的通讯信号，在不同的情况下会发出不同的叫声。叫声与它们的繁殖习性也有很大关系。

狼在夜间嚎叫，目的是通过嚎叫集群，如母狼常发出叫声来呼唤小狼，公狼又呼唤母狼，集合成群后外出猎食。在繁殖期，狼也往往发出嚎叫来寻找配偶。

　　在天气晴朗、皓月当空的夜晚，荒凉的山坡上，一只狼仰着头长嚎，这情形看上去让人以为它是因为孤独而对月哀嚎呢，其实这是狼为了让声音传得更远。

　　它们通常都习惯于站在比较高的地方，而晚上从低往高处看，经常会有明亮的月亮在夜空作为背景。所以我们经常会看到狼在夜晚冲着月亮嚎叫。

　　其实，狼在没有月亮的夜晚同样也会嚎叫，只是在月亮的衬托下，它们的身影更容易被我们看到而已。

　　小动物一听到狼的叫声，就会马上警觉地避开。然而，当狼发现它可猎取的猎物时，就会全神贯注，两眼闪出贪婪凶狠的光芒，并以最快的速度，猛然地袭击猎物，一般情况下，小动物很难在狼的追捕下逃过一劫。

延　伸　阅　读

　　土狼通过在自己领地内留下气味，来和其他同类沟通。身上长着斑点的土狼会发出狂躁的叫声，来警告同类。南非土狼主要以白蚁为食，它用带黏液的长舌头来捕食白蚁，一个晚上，能吃掉20000多只白蚁。

能够滑翔的鼯鼠

　　小朋友们都知道，鸟类会飞、兽类会跑。但兽类中也有会飞翔的，如蝙蝠。也有人说鼯鼠会飞，可事实上那不算飞翔，而是滑翔。

　　鼯鼠的模样很像松鼠，只是它的头更圆些，眼睛也更大，体型多为中等。小鼯鼠体长13厘米以上，大鼯鼠体长50厘米以上。多数种类的毛色都比较艳丽，牙齿多为22颗。

鼯鼠的瞳孔很大，在黑暗中也能看清东西。鼯鼠身体两侧前后脚之间有一层皮膜，皮膜的两面都长有细毛。

鼯鼠是夜行动物，白天躲在树洞里睡大觉，晚上爬到树梢上去，滑翔之前先决定好滑翔的方向，选好降落地点，测准距离。

鼯鼠开始滑翔时，后脚用力蹬树干，四条腿尽量向左右伸展开，将皮膜张开成方形，就像滑翔机那样开始滑翔。

在滑翔中，它那条和身体差不多长的又扁又平的尾巴起到了舵的作用，能保持身体平衡，还能在空中转换方向。

鼯鼠每次能滑翔几十米的距离，要继续滑翔时，就再爬到树梢上去，重复前面做过的动作。

鼯鼠常常从入夜一直忙到天亮前，在树林里飞来飞去，觅食玩耍，还"吱吱"地叫个不停，给笼罩在夜色中的树林增添了热闹的气氛。

　　鼯鼠喜欢栖息在针叶、阔叶混交的山林中，习性类似蝙蝠。

　　鼯鼠白天大多时间躲在悬崖峭壁的岩石洞穴、石隙或树洞中休息，洞内铺有干草。冬季，鼯鼠要用干草封住洞口，以抵御严寒。

　　鼯鼠性喜安静，多为独居生活。夜晚外出寻食，在清晨和黄昏活动得比较频繁，并且行动非常敏捷。

　　鼯鼠素有"千里觅食一处便"的习性，无论活动范围多大，都固定在一处排泄粪便。

鼯鼠一般在所栖息的洞穴附近，选一个较大的洞穴排泄，其粪便常年堆积而不霉烂。橙足鼯鼠的干燥粪便是著名的中药材，即五灵脂，可用于治疗瘀血内阻、血不归经等病症。

延　伸　阅　读

　　蝙蝠是唯一会飞的哺乳动物，大约有920多种类别。蝙蝠主要依靠回声来辨别物体，有一些种类的面部进化出特殊的增加声纳接收的结构，如鼻叶、脸上多褶皱和复杂的大耳朵。人类的雷达系统就是根据蝙蝠对超声波探测原理研制的。

豪猪的防卫武器

豪猪也叫箭猪，不过它可不是猪，而是一种大型啮齿动物，和老鼠有亲戚关系，所以它的头有点儿像老鼠呢！

豪猪一般栖息于低山森林茂密处，常以天然石洞为居住地，有时也自行打洞。

豪猪的头骨及下颌均为豪猪型，咬肌穿过大眶下孔，门齿和釉质层全为复系型，颊齿四个，脊形齿。豪猪以植物根、茎为食，尤其喜欢盗食山区的玉米、薯类、花生、瓜果和蔬菜等。豪猪最大的特征是它身上从背部直至尾部都披着像箭一样的长刺，尤其是屁股上的长刺特别集中，短小的尾巴几乎全被掩盖住了。

豪猪身上最粗的长刺有筷子那么粗，长度能达到30多厘米，每根刺的颜色都是黑一段白一段，黑白相间。细刺就更多了，一只豪猪的身上有上万根细刺。

　　不同豪猪物种的刺有不同的形状，不过所有都是改变了的毛发，表面上有一层角质素，嵌入在皮肤的肌肉组织中。亚洲、非洲和欧洲的豪猪的刺是一束束的，而南北美洲的豪猪的刺则是与毛发夹杂在一起的。

　　豪猪的刺锐利，很易脱落，会刺入攻击者身体中。它们的刺有倒钩，可以挂在皮肤上，很难除掉。

　　当豪猪遇到敌人的威胁时，先竖起身上一根根锋利的硬刺，摩擦硬刺发出"唰唰"的响声，同时嘴里还发出"噗噗"的声音来恐吓敌害。

如果敌害不退走，豪猪就转过身子，后脚一蹬，用背部和尾部的刺向敌人冲击。狮子和老虎虽然凶猛，被豪猪这么一刺可就惨了，因为有的针毛上长着倒钩，被刺中后针毛就留在肌肉里，疼痛难熬，严重时甚至会死去。

所以，在动物世界，就是特别凶猛的动物也都知道豪猪的厉害，谁也不愿意去惹它。

豪猪的腿比较长，前足和后足上都长有五趾，脚面下较为平滑；尾巴极短，隐藏在棘刺的下面，尾端的数十个棘刺演化成硬毛，顶端膨大，形状好像一组"小铃铛"。

走路的时候，这些"小铃铛"互相撞击，发出响亮而清脆的"咔哒、咔哒"的声音，在数十米以外就能听见，常常使凶猛的食肉兽类不敢靠近。

延 伸 阅 读

豪猪为夜行性动物，白天躲在洞内睡觉，晚上出来觅食。豪猪的巢洞虽是自己挖掘修筑，但主要是扩大和修整穿山甲和白蚁的旧巢穴而居。其巢穴的构造复杂，通常由主巢、副巢、盲洞和几条洞道组成。

喜欢在水里的河马

　　河马是生活在陆地上的哺乳动物，喜欢群居，主要生活在热带非洲的湖泊、河流和沼泽地带。

　　河马几乎整个白天都在河水中或是河流附近睡觉或休息，晚上出来觅食，有时会顺水游出30多千米觅食。

　　河马虽然总是待在水里，但它们不会游泳，只能潜水，在受惊吓时，一般避入水中。它们每天大部分时间在水中，潜伏水下时一般每三五分钟把头露出水面呼吸一次，也可以潜伏约半小时再出水面来换气。

潜水时，河马把耳朵、鼻子闭合起来，防止水灌进去。河马平时总爱把身体淹没在水里，把眼睛、耳朵和鼻子露出水面，这样既可以防晒，又能观察到周围的动静。

河马可以静静地在水里待好长时间而且一动不动。它们生活中的觅食、交配、产仔、哺乳也均在水中进行。

河马看起来很像一头巨型的猪，其身体笨重而厚实，脖子非常粗壮。由于腿非常短，因此身高最高不超过1.65米。河马的身体由一层厚厚的皮肤包裹着，皮肤呈蓝黑色，上面有砖红色的斑纹，除尾巴上有一些短毛外，身体上几乎没有毛。

河马的皮肤格外厚，皮肤的里面是一层脂肪，这使它可以毫不费力地从水中浮起。

当河马暴露于空气中时，其皮肤上的水分蒸发量要比其他哺乳动物多得多，这使它不能在水外待太长的时间。

河马的眼睛、耳朵和鼻孔都在脸的上部。这使它们可以花费大多数时间在水中乘凉、防晒。河马的皮肤上没有汗腺，但却有其他腺体，能够分泌一种类似防晒乳的微红色潮湿物质，并能防止昆虫叮咬。

和所有厚皮肤动物一样，河马对蚊虫的叮咬非常敏感。正因为这样，它将各种食虫鸟奉为上宾，并与它们保持着友好的共生关系。在它洗泥巴澡时，沾到它身上的泥巴会形成一个厚壳，也能够防止蚊虫叮咬。

河马主要以水生植物为食，偶食陆地作物，以草为主，有时到田地去吃庄稼。

但在食物短缺时，河马不仅会杀死动物，偶尔还会吃掉它们杀死的动物，甚至吃掉同类的尸体。

河马不喜欢在一个地方长期停留，每隔数日，它们便会迁徙到一个新的地方去。当然大部分时间还是在水里生活。

延 伸 阅 读

小河马出生后，母河马每天都全神贯注地守护在小河马身边，或者把小宝贝背在背上，或者让它骑在自己的脖子上。母河马还耐心地教小河马吃草、潜水等。倘若你触犯了它的宝贝，它绝不会放过你，会立刻冲杀过来，这是很危险的。

神奇的鸭嘴兽

　　兽类是胎生的哺乳动物，这一点我们深信不疑。但也有个别的哺乳动物通过生蛋、孵蛋来繁衍后代，而不是直接生出小动物。生长在澳大利亚的鸭嘴兽就属于哺乳动物当中会生蛋的动物。

　　鸭嘴兽实在很怪，说它是兽类吧，它却靠下蛋繁殖后代。说它是爬行动物吧，可它孵出的后代都是靠母乳喂养的，真是"不伦不类"的动物。

　　我们知道，一般从蛋中孵出的小动物是不吃奶的，如鸡、鸭、鸟、蛇。而一般吃奶长大的动物是胎生的，像猫、狗、猪、羊。

由于鸭嘴兽既下蛋，又吃奶，让生物学家们伤透脑筋，不知道该把它列入哪一类动物。

经过多年的争论，直至1824年，德国的动物专家在雌性鸭嘴兽的肚子上发现了哺乳口，只好以毛和奶作为决定分类的依据，将鸭嘴兽列入哺乳类，称它为"卵生哺乳动物"。

因为世界上只有哺乳动物有毛，并能分泌真正的乳汁，而这两个特点鸭嘴兽都具备了。

雄鸭嘴兽约有0.5米长，雌的略小。它们的腿短而强壮，各有五个趾，趾端为钩爪，趾间有蹼便于游弋。

它长着粗毛的尾巴在游泳时当舵。它的眼睛很小，没有耳壳，锁骨和乌喙骨很发达，这些方面又像鸟类。

鸭嘴兽生殖是在岸边所挖的长隧道内进行的。它一次可生两枚蛋最多生三枚蛋。六个月后的小鸭嘴兽就得学会独立生活，自己到河床底觅食了。

　　鸭嘴兽哺育幼仔时四脚朝天，收缩肌肉挤奶，由于没有乳头，挤出的奶沾湿了乳腺区的毛，小鸭嘴兽就趴在雌兽身上舔食奶水。

　　鸭嘴兽为水陆两栖动物，平时喜穴居水畔，在水中时眼、耳、鼻均紧闭，仅凭知觉用扁软的"鸭嘴"觅食贝类。

　　鸭嘴兽习惯于白天睡觉，晚上出来觅食，青蛙、蚯蚓、昆虫等都是它的食物。它的消化机能特别强，一只鸭嘴兽体重不到1000克，但一天能吃下与自己体重相当的食物。

　　鸭嘴兽总是在河边打洞，洞有两个出入口，一个通往水中，一个通往陆地上的草丛。

　　它们用爪子挖洞的本领很高，即使在坚硬的河岸，10多分钟就能挖出一米深的洞。有的洞长达几十米，里面有宽敞的"卧室"，准备产卵用。卧室里铺着树叶、芦苇等干草，俨然一个舒适的"床铺"。

延　伸　阅　读

　　母鸭嘴兽一次一般生两枚蛋，白色半透明，壳上带有一层胶质。母鸭嘴兽将蛋放在尾部及腹部之间，然后蜷缩着身体包围着蛋。两个星期后，小鸭嘴兽脱壳而出，但眼睛看不见，身上没有毛，不能觅食，全靠妈妈喂奶。